RÉGULARISATION DE L'ÉQUATION D'EULER-POISSON-DARBOUX DANS L'ESPACE EUCLIDIEN

Auteur

Cheikh Ould Mohamed El-Hafedh

26 septembre 2016

Table des matières

1 INTRODUCTION   2

2 GÉOMÉTRIE RIEMANNIENNE DE L'ESPACE EUCLIDIEN   5
  2.1 GÉNÉRALITÉS 5
    2.1.1 NOTION DE VARIÉTÉ 5
    2.1.2 ESPACE TANGENT À UNE VARIÉTÉ DIFFÉRENTIELLE   6
    2.1.3 PARTITION DE L'UNITÉ 7
  2.2 VARIÉTÉ RIEMANNIENNE 7
  2.3 CARACTÉRISATION DE L'ESPACE EUCLIDIEN 9

3 FONCTIONS HYPERGÉOMÉTRIQUES   11
  3.1 FONCTION HYPERGÉOMÉTRIQUE DE GAUSS 11
    3.1.1 DÉFINITIONS 11
    3.1.2 ÉTUDE DE CONVERGENCE 12
  3.2 FONCTIONS HYPERGÉOMÉTRIQUES D'APPELL 12
    3.2.1 FONCTION F_1 13
    3.2.2 FONCTION F_2 13
    3.2.3 FONCTION F_3 14
    3.2.4 FONCTION F_4 14

4 L'ÉQUATION D'EULER-POISSON-DARBOUX DANS L'ESPACE EUCLIDIEN   15
  4.1 ÉNONCÉ DES PROBLÈMES 15
  4.2 PRÉLIMINAIRES 16
  4.3 L'ÉQUATION CLASSIQUE D'EULER-POISSON-DARBOUX . 18
  4.4 L'ÉQUATION RADIALE D'EULER-POISSON-DARBOUX . . 21

5 APPLICATIONS — 25
5.1 ÉQUATION DES ONDES MULTIDIMENSIONNELLE — 25
5.2 ÉQUATION RADIALE DES ONDES — 27
5.3 ÉQUATION HOMOGENE D'EULER-POISSON-DARBOUX — 30

CONCLUSION — 31

RÉFÉRENCES — 32

Chapitre 1

INTRODUCTION

Considérons l'équation différentielle hyperbolique dans l'espace Euclidien $\mathbb{R}^n$

$$\Delta_n U(t,x) = \left(\frac{\partial^2}{\partial t^2} + \frac{k}{t}\frac{\partial}{\partial t}\right) U(t,x). \qquad (E_1)$$

Il importe de remarquer que cette équation associée aux conditions classiques

$$U(0,x) = f(x), \ U_t(0,x) = g(x) \qquad (C)$$

n'admet pas de solution régulière en $t = 0$ pour g non nulle à cause de la singularité du problème. Le cas considéré le plus utilisé est évidemment $k = 0$, ce qui correspond à l'équation des ondes de dimension n ; l'équation apparait dans des différentes branches de mathématique appliquée tel que le flot transsonique des fluides compressibles, pour $k = \frac{1}{3}$ le cas correspond à l'équation de Tricomi [1]. Si on remplace Δ par $-\Delta$ on obtient une équation elliptique qui apparait généralisée de la théorie de potentiel axialement symétrique et qui a ses applications en hydrodynamique et pour théorie de l'élasticité. L'équation est généralement renvoyée à l'équation d'Euler-Poisson-Darboux (abregée EPD). Euler : Suisse (1707-1783), Poisson : Français (1781-1840) et Darboux : Français (1842-1917). Leurs références [12], [18] et [9] respectivement sont d'intérêt historique. Il est presqu'impossible de mentionner toutes les publications de l'équation EPD, donc on se limite un peu arbitrairement à cette étude ; la plupart des étapes essentielles y menant sont faites par Weinstein [21] et [22] ; ces études étaient suivies par de multiples autres de l'école de Maryland dont on peut citer Diaz et Weinberger [10] , Martin [17] et Blum [3] et [4]. De multiple publications demeurent liées aux travaux de weinstein (par exemple Young [23]) ces documents mentionnés ci-dessus tous donnent les solutions dans le sens classique. Pour le traitement dans le sens distributionnel on oriente le lecteur à Lions [15] et Carroll [7]. Lions utilise des opérateurs de transmutation selon l'approche de Delsarte, alors que Carroll applique la transformation de Fourier avec respect seulement des espaces variables. Aucunes solutions de constructions sauf recours au théorème d'existence à la fois de l'unicité et de propriété de convexité. L'étude de Bresters [6] montre que la méthode appliquée par Carroll peut être utilisée aussi pour arriver à la solution du problème de Cauchy ; en conséquence le plus grand avantage de cette méthode est qu'elle donne des solutions pour toute valeur de k. Weinstein prend comme hypothèse de début les valeurs entières positives des k qui sont plus grandes que $n - 1$; les solutions obtenues pour ces valeurs sont donc utilisées pour arriver à des solutions dans les autres cas aux moyens de méthodes généralisées de descente et récurrence. Pour $k < 0$ les situations ne sont plus uniquement déterminées, il peut être aussi clarifié par la méthode de Bresters que les exceptionnelles valeurs $k = -1, -3, -5, \ldots$ conviennent tout à fait naturellement. Tous les auteurs qui ont étudié le problème de Cauchy pour cette équation associée aux conditions initiales classiques (C) ont pris la deuxième donnée nulle ($g = 0$) car une solution U du problème ne saurait être régulière pour $t = 0$ que si sa dérivée première par rapport à t s'y annule. C'est l'objet de ce document d'utiliser les conditions initiales modifiées

$$U(0,x) = f(x), \quad \lim_{t\to 0} t^k \frac{\partial}{\partial t} U(t,x) = g(x). \tag{C_1}$$

Ces conditions permettent de remédier au problème de singularité, et de pouvoir prendre la deuxième donnée comme fonction non nulle g, tout en recouvrant les conditions classiques (C) : ainsi pour $k = 0$ on retrouve la solution du problème de Cauchy pour l'équation classique des ondes (voir [8]).
Considérons aussi l'équation différentielle aux dérivées partielles dans $\mathbb{R}$

$$\left(\frac{\partial^2}{\partial x^2} + \frac{l}{x}\frac{\partial}{\partial x}\right)U(t,x) = \left(\frac{\partial^2}{\partial t^2} + \frac{k}{t}\frac{\partial}{\partial t}\right)U(t,x) \tag{E_2}$$

L'opérateur $A_x^l = \frac{\partial^2}{\partial x^2} + \frac{l}{x}\frac{\partial}{\partial x}$ représente la partie radiale du Laplacien Δ_n dans l'espace Euclidien $\mathbb{R}^n$, et l'équation (E_2) peut donc s'écrire sous la forme $A_x^l U(t,x) = A_t^k U(t,x)$, les paramètres k et l décrivent des intervalles que l'on déterminera.
(E_2) est associée aux conditions modifiées (C_1) pour la même raison et lorsque $k = 0$ on retrouve la solution du problème de Cauchy pour l'équation radiale des

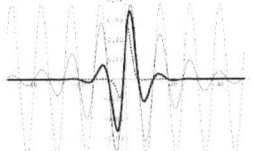

FIGURE 1.1 – Ondes dans une Corde vibrante

ondes (voir [2] et [8]). (E_1) et (E_2) sont des équations des ondes avec potentiels dépendants du temps respectivement : $-\frac{k}{t}\frac{\partial}{\partial t}$ et $\frac{k}{x}\frac{\partial}{\partial x} - \frac{k}{t}\frac{\partial}{\partial t}$.

L'interêt des équations (E_1) et (E_2) vient du fait que les potentiels correspondants sont homogènes de degré -2 et donc les opérateurs de gauche et droite se comportent de la même manière. L'une des difficultés majeures dans le cas du potentiel dépendant du temps est l'absence de relation entre les semi-groupes engendrés par l'équation de Schrodinger et les propriétés spectrales de l'opérateur $H = -\Delta + V$. Rappelons que pour un potentiel indépendant du temps V on a $g(H) = \int g(\lambda)dE(\lambda)f$ où $dE(\lambda)$ est la mesure spectrale associée à l'opérateur H ; ce qui n'est pas valable dans le cas d'un potentiel dépendant du temps.

Les méthodes utilisés sont des transformations (Fourier, Bessel-Hankel) et il apparaitra que les équations équivalentes peuvent facilement être trouvées, puis on applique les transformations inverses pour trouver les solutions des problèmes initiaux.

Chapitre 2
GÉOMÉTRIE RIEMANNIENNE DE L'ESPACE EUCLIDIEN

Dans ce chapitre on va définir la notion de variété Riemannienne, définir certains objets mathématiques naturellement associés à cette variété
(métrique, volume Riemannien, Laplacien et ses fonctions propres).
On caractérise particulièrement la géométrie de l'espace Euclidien.
Pour les élements de géométrie que nous utilisons ici, nous renvoyons aux livres [5] et [20].

2.1 GÉNÉRALITÉS

2.1.1 NOTION DE VARIÉTÉ

Définition 2.1.1.1 Soit X un espace topologique. Un atlas de classe C^r pour X est la donnée
- d'un recouvrement de X par des ouverts U_i ;
- pour tout i, d'un homéomorphisme $\phi_i : U_i \to V_i$ ouvert de $\mathbb{R}^n$,
tels que, pour tous i et j,
$\phi_j o \phi_i^{-1} : \phi_i(U_i \cap U_j) \to \phi_j(U_i \cap U_j)$ est un C^r-difféomorphisme. On appelle les ϕ_i les cartes de l'atlas, et les U_i les domaines de cartes. Deux atlas (U_i, ϕ_i) et (V_j, ψ_j) sont compatibles si les applications $\psi_j o \phi_i^{-1}$ sont des C^r-difféomorphisme.

Une structure différentielle sur X est une classe d'atlas compatibles. On peut alors prendre l'atlas formé de toutes les cartes compatibles avec un atlas de la structure différentielle. C'est l'atlas maximal de la structure différentielle. Donner la structure différentielle revient à donner l'atlas maximal.

Définition 2.1.1.2 On appelle variété un espace topologique séparé, à base dénombrable, muni d'une structure différentielle. Un difféomorphisme entre variétés est une bijection qui préserve la structure différentielle.

Définition 2.1.1.3 Une variété lisse est une variété munie d'un atlas maximal dont les changements de carte sont de classe C^∞ et une fonction lisse est une fonction de classe C^∞.

2.1.2 ESPACE TANGENT À UNE VARIÉTÉ DIFFÉRENTIELLE

Soit M une variété lisse de dimension n, (U, ϕ) une carte locale de M. On notera $\sigma = \phi^{-1}$ qui est quelquefois appelé paramétrisation de U. Les composantes de ϕ dans $\mathbb{R}^n$ seront notées $(x_1, ..., x_n)$ et sont appelées système local de coordonnées sur U. À ce système local de coordonnées est associé un repère local

$$\left(\frac{\partial}{\partial x_1}, ..., \frac{\partial}{\partial x_n}\right).$$

Cela signifie que pour tout point $p \in U$, $\left(\frac{\partial}{\partial x_1}(p), ..., \frac{\partial}{\partial x_n}(p)\right)$ est une base de T_pM (l'espace tangent à M en p). Si $\gamma : (\alpha, \beta) \to U$ est une courbe lisse dans M, on a pour tout $t \in (\alpha, \beta)$,

$$\gamma(t) = \sigma(x_1(t), ..., x_n(t)) \text{ et } \gamma'(t) = \sum_{j=1}^n x'_j(t) \frac{\partial}{\partial x_j}(\gamma(t)).$$

Noter que si $p \in M$, pour tout $j = 1, ..., n$,

$$\frac{\partial}{\partial x_j}(p) = \frac{d}{dt}\sigma\left(\phi(p) + te_j\right)_{t=0},$$

où $(e_1, ..., e_n)$ est la base canonique de $\mathbb{R}^n$.

On désignera par $(dx_1, ..., dx_n)$ la base duale de $\left(\frac{\partial}{\partial x_1}, ..., \frac{\partial}{\partial x_n}\right)$, cela signifie que pour tout $p \in U$, $(d_px_1, ..., d_px_n)$ est une base du dual T_p^*M de T_pM et pour tout $i, j = 1, ..., n$,

$$dx_i\left(\frac{\partial}{\partial x_j}\right) = \delta_{ij},$$

où δ_{ij} est le symbole de Kronecker valant 1 ou 0 suivant que $i = j$ ou non.

2.1.3 PARTITION DE L'UNITÉ

Soit M une variété lisse et $(U_\alpha)_{(\alpha \in I)}$ un recouvrement ouvert de M, alors il existe une famille $(f_\alpha)_{(\alpha \in I)}$ telle que
- pour tout $\alpha \in I$, $f_\alpha : M \to [0, 1]$ est une fonction lisse et $supp(f_\alpha) \subset U_\alpha$, où $supp(f_\alpha)$ est l'adhérence de l'ensemble $\{p \in M, \ f_\alpha(p) \neq 0\}$;
- pour tout $p \in M$ il existe un voisinage W_p de p tel que la restriction de f_α sur W_p soit non nulle pour un nombre fini d'indices $\alpha \in I$;
- $\sum_{\alpha \in I} f_\alpha(p) = 1$ pour tout $p \in M$.

La famille $(f_\alpha)_{(\alpha \in I)}$ est appelée partition de l'unité subordonnée au recouvrement $(U_\alpha)_{(\alpha \in I)}$.

2.2 VARIÉTÉ RIEMANNIENNE

Définition 2.2.1 Une métrique Riemannienne sur une variété lisse M est la donnée, pour tout $p \in M$, d'un produit scalaire $\langle \ , \ \rangle_p$ sur T_pM de telle sorte que la propriété suivante soit satisfaite :
pour tout système local de coordonnées $(x_1, ..., x_n)$ sur un ouvert U de M, les fonctions $g_{ij} : U \to \mathbb{R}$ définies par

$$g_{ij} = \left\langle \frac{\partial}{\partial x_i}, \frac{\partial}{\partial x_j} \right\rangle$$

sont lisses pour tout $i, j = 1, ..., n$.
Une variété lisse munie d'une métrique Riemannienne est appelée variété Riemannienne.
Il importe de savoir que toute variété lisse admet une métrique Riemannienne.
Soit $(M, \langle \ , \ \rangle)$ une variété Riemannienne et soit $(x_1, ..., x_n)$ un système local de coordonnées sur un ouvert U. L'expression locale de $\langle \ , \ \rangle$ dans $(x_1, ..., x_n)$ est donnée par

$$\langle \ , \ \rangle = \sum_{i,j} g_{ij} dx_i dx_j.$$

Une isométrie de $(M, \langle \ , \ \rangle)$ est un difféomorphisme de M qui présérve la métrique. L'ensemble des isométries de M est un groupe noté $I(M, \langle \ , \ \rangle)$.
Définition 2.2.2 Soit $(M, \langle \ , \ \rangle)$ une variété Riemannienne orientée, $(x_1, ..., x_n)$ un système local de coordonnées orienté positivement

2. GÉOMÉTRIE RIEMANNIENNE DE L'ESPACE EUCLIDIEN

(signifie que $(\frac{\partial}{\partial x_1}, ..., \frac{\partial}{\partial x_n})$ est une base directe). Le volume Riemannien associé à $\langle\,,\,\rangle$ est la forme volume définie par

$$dV_{\langle\,,\,\rangle} = \sqrt{\det\left((g_{ij})_{1\leq i,j\leq n}\right)}dx_1 \wedge ... \wedge dx_n,$$

$$dV_{\langle\,,\,\rangle}(\frac{\partial}{\partial x_1}, ..., \frac{\partial}{\partial x_n}) = \sqrt{\det\left((g_{ij})_{1\leq i,j\leq n}\right)}.$$

Une forme volume sur une variété orientée M définit une mesure et permet d'intégrer des fonctions. Le volume Riemannien $dV_{\langle\,,\,\rangle}$ permet alors d'intégrer les fonctions sur M
(c'est l'équivalent de la mesure de Lebesgue sur $\mathbb{R}^n$).
Pour intégrer une fonction $f : M \to \mathbb{C}$, on choisit un recouvrement ouvert $(U_\alpha)_{(\alpha\in I)}$ de M tel que pour tout $\alpha \in I$, U_α est le domaine d'un système local de coordonnées $\phi_\alpha = (x_1^\alpha, ..., x_n^\alpha)$ positivement orienté. Posons

$$\sigma^\alpha = \phi_\alpha^{-1} \text{ et } G^\alpha = \sqrt{\det\left((g_{ij}^\alpha)_{1\leq i,j\leq n}\right)}.$$

Finalement, on choisit une partition de l'unité $(f_\alpha)_{(\alpha\in I)}$ subordonnée au recouvrement et on pose

$$\int_M f dV_{\langle\,,\,\rangle} = \sum_{\alpha\in I} \int_{\phi_\alpha(U_\alpha)} f o\sigma^\alpha \left(f_\alpha o\sigma^\alpha\right) G^\alpha o\sigma^\alpha dx_1...dx_n$$

où $dx_1...dx_n$ est la mesure de Lebesgue sur $\mathbb{R}^n$.
Noter que cette quantité peut être infinie. Par contre si f est une fonction continue à support compact, cette intégrale est finie. Le volume Riemannien d'une variété Riemannienne compacte $(M, \langle\,,\,\rangle)$ est

$$Vol(M) = \int_M dV_{\langle\,,\,\rangle}.$$

Définition 2.2.3 Un ensemble A dans une variété lisse M est de mesure nulle si pour toute carte (V, ϕ), $\phi(A \cap V)$ est de mesure nulle dans $\mathbb{R}^n$ pour la mesure de Lebesgue.
Si $(M, \langle\,,\,\rangle)$ est une variété Riemannienne compacte admettant un système local de coordonnées $\phi = (x_1, ..., x_n)$ défini sur un ouvert U tel que $M - U$ est de mesure nulle, alors

$$Vol(M) = \int_{\phi(U)} \sqrt{\det\left((g_{ij})_{1\leq i,j\leq n}\right)}o\sigma dx_1...dx_n.$$

Pour finir cette section, on va introduire le Laplacien d'une fonction f sur une variété Riemannienne $(M, \langle \, , \, \rangle)$.

Soit $(x_1, ..., x_n)$ un système local de coordonnées, et $\left(g^{ij}\right)_{1 \leq i,j \leq n}$ la matrice inverse de $\left(g_{ij}\right)_{1 \leq i,j \leq n}$, alors le laplacien de f est donné par

$$\Delta(f) = \frac{1}{\sqrt{\det(g_{ij})}} \sum_{k,l} \frac{\partial \left(\sqrt{\det(g_{ij})} g^{k,l} \frac{\partial f}{\partial x_l} \right)}{\partial x_k}.$$

2.3 CARACTÉRISATION DE L'ESPACE EUCLIDIEN

Le premier exemple de variété Riemannienne et le plus simple est l'espace $\mathbb{R}^n$ muni de sa métrique Euclidienne qu'on construit de la manière suivante :
L'espace $\mathbb{R}^n$, en tant que variété lisse, possède un système de coordonnées global $(x_1, ..., x_n)$ donné par la base canonique $(e_1, ..., e_n)$ de $\mathbb{R}^n$. Ainsi, étant donné un point p de $\mathbb{R}^n$, il y a une identification naturelle de $T_p R^n$ avec $\mathbb{R}^n$. Notons $\langle \, , \, \rangle$ le produit scalaire Euclidien de $\mathbb{R}^n$ défini par

$$\langle \, x_1 e_1 + ... + x_n e_n, \, y_1 e_1 + ... + y_n e_n \, \rangle = \sum_{i=1}^n x_i y_i,$$

et donc la distance entre deux points x et y de $\mathbb{R}^n$ est donnée par

$$d(x,y) = |x - y| = \sqrt{\langle \, x - y, \, x - y \, \rangle}.$$

On obtient ainsi une métrique Riemannienne sur $\mathbb{R}^n$ dont l'expression locale dans le système de coordonnées $(x_1, ..., x_n)$ est donnée par

$$ds^2 = \langle \, , \, \rangle = \sum_{i=1}^n (dx_i)^2.$$

Cette métrique est appelée métrique Euclidienne de $\mathbb{R}^n$.

Le volume Riemannien définit la mesure de Lebesgue $d\mu(x) = dx_1...dx_n$, et le Laplacien $\Delta = \sum_{i=1}^n \frac{\partial^2}{\partial x_i^2}$.

2. GÉOMÉTRIE RIEMANNIENNE DE L'ESPACE EUCLIDIEN

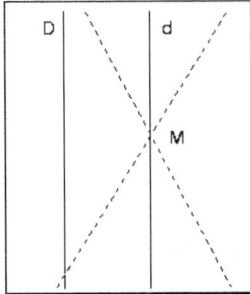

FIGURE 2.1 – Modèle Euclidien

Finalement, on donne les exponentielles du Laplacien qu'on utilise dans la transformation de Fourier sur $\mathbb{R}^n$, ce sont des fonctions propres du Laplacien associées à $-|\xi|^2$ données par

$$\exp(ix\xi) \text{ et } (r|\xi|)^{1-\frac{n}{2}} J_{\frac{n}{2}-1}(r|\xi|),$$

à savoir la relation entre les deux, dans la transformation de Fourier d'une fonction radiale

$$\int_{\mathbb{R}^n} f(|\xi|) \exp(ix\xi) \, d\xi = \int_0^{+\infty} f(r) (r|x|)^{1-\frac{n}{2}} J_{\frac{n}{2}-1}(r|x|) r^{n-1} dr. \quad (2.3.1)$$

Rappelons que la transformation de Fourier d'une fonction $f \in S(\mathbb{R}^n)$ (l'espace des fonctions de classe C^∞ sur $\mathbb{R}^n$ à décroissance rapide ainsi que toutes leurs dérivées) est donnée par

$$\widehat{f}(\xi) = \int_{\mathbb{R}^n} e^{-i\xi x} f(x) dx, \ \xi \in \mathbb{R}^n, \quad (2.3.2)$$

et que la transformation de Fourier est un isomorphisme de C-espaces vectoriels de l'espace $S(\mathbb{R}^n)$ sur lui-même. L'inverse de cet isomorphisme est donné par la formule

$$f(x) = \frac{1}{(2\pi)^n} \int_{\mathbb{R}^n} e^{i\xi x} \widehat{f}(\xi) d\xi, \ x \in \mathbb{R}^n. \quad (2.3.3)$$

Chapitre 3

FONCTIONS HYPERGÉOMÉTRIQUES

Les solutions explicites des problèmes traités dans ce document sont exprimées en termes de quelques fonctions spéciales : hypergéométrique de Gauss, et celle d'appell F_4, rappelons alors ces fonctions spéciales. Pour plus de détails on oriente le lecteur aux références [14], [16] et [19].

3.1 FONCTION HYPERGÉOMÉTRIQUE DE GAUSS

3.1.1 DÉFINITIONS

L'origine des fonctions hypergéométriques se trouve au début du 19 ième siècle, lorsque Gauss étudie l'équation différentielle suivante
(appelée maintenant "l'équation différentielle de Gauss")

$$x(1-x)F'' + [c - (a+b+1)x]F' - abF = 0$$

où a, b et c sont des nombres complexes.
Cette équation linéaire, qui provient de la physique, a trois points singuliers réguliers en 0, 1, et ∞.
Toute équation différentielle linéaire de degré 2 possédant trois points singuliers réguliers peut se mettre sous cette forme.
La recherche de solutions en séries entières $\sum_{k=0}^{\infty} c_k x^k$, conduit à la relation de récurrence suivante

$\frac{c_{k+1}}{c_k} = \frac{(k+a)(k+b)}{(k+c)(k+1)}$ où c n'est pas un entier, en fixant $c_0 = 1$, on obtient

$$F(a,b,c,x) = \sum_{k=0}^{\infty} \frac{(a)_k (b)_k}{(c)_k n(1)_k} x^n$$

$(a)_k$ désigne le symbole de Pochammer.
$(a)_k = a(a+1)...(a+k-1)$, $k \in \mathbb{N}^*$, $(a)_0 = 1$
en particulier $(1)_k = k!$ $(a)_k = \frac{\Gamma(a+k)}{\Gamma(a)}$. (on rappelle que la fonction Γ est une généralisation de la factorielle $\Gamma(k+1) = k!$).
La fonction F est appelée la fonction hypergéométrique de Gauss. elle fut largement étudiée durant le 19 ième siècle. Les deux fonctions

$$F(a,b,c,x) \text{ et } x^{1-c} F(a+1-c, b+1-c, 2-c, x)$$

forment une base de l'espace des solutions de l'équation différentielle de Gauss au voisinage de zéro.

3.1.2 ÉTUDE DE CONVERGENCE

La série converge sur le disque unité $|x| < 1$.
La série est réduite à un polynôme de degré k en x lorsque a ou b est un entier négatif $-k$, ($k = 0, 1, 2, 3, ...$), la série n'est pas définie si c est un entier négatif ($c = -m$) sauf si a ou b est un entier négatif $-n$ tel que $n < m$, dans ce cas on a

$$\lim_{c \to -m} \frac{1}{\Gamma(c)} F(a,b,c,x) = \frac{(a)_{m+1}(b)_{m+1}}{(m+1)!} x^{m+1} F(a+m+1, b+m+1, m+2, x).$$

Le comportement asymptotique sur le cercle de convergence $|x| = 1$ est donné par
- divergent si $\Re(a+b-c) \geq 1$,
- absolument convergent si $\Re(a+b-c) < 0$,
- conditionnellement convergent si $0 \leq \Re(a+b-c) < 1$, le point $x = 1$ est exclu.

3.2 FONCTIONS HYPERGÉOMÉTRIQUES D'APPELL

En mathématiques, la série Appell est un ensemble de quatre séries hypergéométriques F_1, F_2, F_3 et F_4 de deux variables qui ont été introduites par Paul Appell (1880) et qui généralisent la fonction hypergéométrique de Gauss $F(a,b,c,x)$

d'une seule variable. Appell mis en place l'ensemble des équations aux dérivées partielles dont ces fonctions sont des solutions et trouve les différentes formules de réduction. On s'intéresse ici à la fonction F_4, mais on donne les autres pour completer l'intérêt.

3.2.1 FONCTION F_1

C'est la fonction définie par la double série hypergéométrique

$$F_1(a, b_1, b_2, c, x, y) = \sum_{m,n=0}^{\infty} \frac{(a)_{m+n}(b_1)_m(b_2)_n}{(c)_{m+n} m! n!} x^m y^n, \quad |x| < 1, \ |y| < 1.$$

Le système d'équations différentielles partielles pour cette fonction est donné par

$$\begin{cases} x(1-x)\frac{\partial^2 F}{\partial x^2} + y(1-x)\frac{\partial^2 F}{\partial x \partial y} + [c - (a+b_1+1)x]\frac{\partial F}{\partial x} - b_1 y \frac{\partial F}{\partial y} - ab_1 F = 0 \\ y(1-y)\frac{\partial^2 F}{\partial y^2} + x(1-y)\frac{\partial^2 F}{\partial x \partial y} + [c_2 - (a+b_2+1)y]\frac{\partial F}{\partial y} - b_2 x \frac{\partial F}{\partial x} - ab_2 F = 0 \end{cases} \quad (3.2.1)$$

C'est un système de rang 3, ses lignes de singularité sont

$$x = 0, \quad x = 1, \quad x = \infty, \quad y = 0, \quad y = 1, \quad y = \infty, \quad y = x$$

3.2.2 FONCTION F_2

C'est la fonction définie par la double série hypergéométrique

$$F_2(a, b_1, b_2, c_1, c_2, x, y) = \sum_{m,n=0}^{\infty} \frac{(a)_{m+n}(b_1)_m(b_2)_n}{(c_1)_m (c_2)_n m! n!} x^m y^n, \quad |x| + |y| < 1.$$

Le système d'équations différentielles partielles pour cette fonction est donné par

$$\begin{cases} x(1-x)\frac{\partial^2 F}{\partial x^2} - xy\frac{\partial^2 F}{\partial x \partial y} + [c_1 - (a+b_1+1)x]\frac{\partial F}{\partial x} - b_1 y \frac{\partial F}{\partial y} - ab_1 F = 0 \\ y(1-y)\frac{\partial^2 F}{\partial y^2} - xy\frac{\partial^2 F}{\partial x \partial y} + [c_2 - (a+b_2+1)y]\frac{\partial F}{\partial y} - b_2 x \frac{\partial F}{\partial x} - ab_2 F = 0. \end{cases} \quad (3.2.2)$$

C'est un système de rang 4, ses lignes de singularité sont

$$x = 0, \quad x = 1, \quad x = \infty, \quad y = 0, \quad y = 1, \quad y = \infty, \quad x + y = 1.$$

3.2.3 FONCTION F_3

C'est la fonction définie par la double série hypergéométrique

$$F_3(a_1, a_2, b_1, b_2, c, x, y) = \sum_{m,n=0}^{\infty} \frac{(a_1)_m (a_2)_n (b_1)_m (b_2)_n}{(c)_{m+n} m! n!} x^m y^n, \quad |x| < 1, \ |y| < 1.$$

Le système d'équations différentielles partielles pour cette fonction est donné par

$$\begin{cases} x(1-x)\frac{\partial^2 F}{\partial x^2} + y\frac{\partial^2 F}{\partial x \partial y} + [c - (a_1 + b_1 + 1)x]\frac{\partial F}{\partial x} - a_1 b_1 F = 0 \\ y(1-y)\frac{\partial^2 F}{\partial y^2} + x\frac{\partial^2 F}{\partial x \partial y} + [c - (a_2 + b_2 + 1)y]\frac{\partial F}{\partial y} - a_2 b_2 F = 0 \end{cases} \quad (3.2.3)$$

C'est un système de rang 4, ses courbes de singularité sont

$$x = 0, \ x = 1, \ x = \infty, \ y = 0, \ y = 1, \ y = \infty, \ x + y = xy$$

3.2.4 FONCTION F_4

C'est la fonction définie par la double série hypergéométrique

$$F_4(a, b, c_1, c_2, x, y) = \sum_{m,n=0}^{\infty} \frac{(a)_{m+n}(b)_{m+n}}{(c_1)_m (c_2)_n m! n!} x^m y^n, \quad |x|^{\frac{1}{2}} + |y|^{\frac{1}{2}} < 1.$$

Le système d'équations différentielles partielles pour cette fonction est donné par

$$\begin{cases} x(1-x)\frac{\partial^2 F}{\partial x^2} - y^2\frac{\partial^2 F}{\partial y^2} - 2xy\frac{\partial^2 F}{\partial x \partial y} + [c_1 - (a+b+1)x]\frac{\partial F}{\partial x} - (a+b+1)y\frac{\partial F}{\partial y} - abF = 0 \\ y(1-y)\frac{\partial^2 F}{\partial y^2} - x^2\frac{\partial^2 F}{\partial x^2} - 2xy\frac{\partial^2 F}{\partial x \partial y} + [c_2 - (a+b+1)y]\frac{\partial F}{\partial y} - (a+b+1)x\frac{\partial F}{\partial x} - abF = 0 \end{cases}$$
$$(3.2.4)$$

C'est un système de rang 4, ses lignes de singularité sont

$$x = 0, \ y = 0, \ x = \infty, \ y = \infty, \ \sqrt{x} + \sqrt{y} = 1.$$

Chapitre 4

L'ÉQUATION D'EULER-POISSON-DARBOUX DANS L'ESPACE EUCLIDIEN

4.1 ÉNONCÉ DES PROBLÈMES

On considère la famille classique d'équations d'Euler-Poisson-Darboux dans $\mathbb{R}^n$

$$\Delta_n U(t,x) = \left(\frac{\partial^2}{\partial t^2} + \frac{1-2\mu}{t}\frac{\partial}{\partial t}\right) U(t,x), \quad t > 0 \qquad (E_1)$$

et la famille radiale d'équations d'Euler-Poisson-Darboux

$$\left(\frac{\partial^2}{\partial x^2} + \frac{1-2\nu}{x}\frac{\partial}{\partial x}\right) U(t,x) = \left(\frac{\partial^2}{\partial t^2} + \frac{1-2\mu}{t}\frac{\partial}{\partial t}\right) U(t,x), \quad t > 0, \quad x > 0 \qquad (E_2)$$

avec les conditions initiales modifiées

$$U(0,x) = f(x), \quad \lim_{t \to 0} t^{1-2\mu}\frac{\partial}{\partial t} U(t,x) = g(x) \qquad (C_1)$$

$$U(0,x) = A_x^q f(x), \quad \lim_{t \to 0} t^{1-2\mu}\frac{\partial}{\partial t} U(t,x) = A_x^q g(x) \qquad (C_2)$$

où A_x^q est la $q^{\text{ième}}$ puissance de l'opérateur

$$A_x = \begin{cases} \Delta_n & \text{si } x \in \mathbb{R}^n \\ \Lambda_x^\nu & \text{si } x \in \mathbb{R}^+ \end{cases}$$

4. L'ÉQUATION D'EULER-POISSON-DARBOUX DANS L'ESPACE EUCLIDIEN

$$\Delta_n = \frac{\partial^2}{\partial x_1^2} + \frac{\partial^2}{\partial x_2^2} + \ldots + \frac{\partial^2}{\partial x_n^2}, \quad \Lambda_x^\nu = \frac{\partial^2}{\partial x^2} + \frac{1-2\nu}{x}\frac{\partial}{\partial x}$$

ν, μ et q sont des paramètres réels.

4.2 PRÉLIMINAIRES

Rappelons d'abord l'équation généralisée de Bessel [14] P106,

$$\left[\frac{\partial^2}{\partial x^2} + \frac{1-2\alpha}{x}\frac{\partial}{\partial x} + (\beta\gamma x^{\gamma-1})^2 + \frac{\alpha^2 - \nu^2\gamma^2}{x^2}\right]V = 0$$

dont deux solutions indépendantes sont $x^\alpha J_\nu(\beta x^\gamma)$ et $x^\alpha Y_\nu(\beta x^\gamma)$ avec J_ν et Y_ν des fonctions cylindriques : J_ν est la fonction de Bessel de première espèce, Y_ν est la fonction de Neumann ou de Bessel de deuxième espèce. Soit la transformation de Fourier-Bessel-Hankel d'une fonction f définie par [11] :

$$\widehat{f}(\lambda) = \int_0^{+\infty} f(x)(\lambda x)^\nu J_\nu(\lambda x) x^{1-2\nu} dx, \tag{4.2.1}$$

la transformation inverse est donnée par :

$$f(x) = \int_0^{+\infty} \widehat{f}(\lambda)(\lambda x)^\nu J_\nu(\lambda x) \lambda^{1-2\nu} d\lambda. \tag{4.2.2}$$

Rappelons aussi la transformation de Fourier d'une fonction radiale dans (2.3.1) et la transformation de Fourier sur la classe de Schwartz $S(\mathbb{R}^n)$ et la transformation inverse dans (2.3.2) et (2.3.3).
Dans la suite, on aura besoin des lemmes suivants :
Lemme 4.2.1 ([14] P 134 – 135) Pour $\mu > 0$ on a les comportements asymptotiques :
i. $J_\mu(Z) \approx \frac{Z^\mu}{2^\mu \Gamma(\mu+1)}$, et $Y_\mu(Z) \approx \frac{-2^\mu \Gamma(\mu)}{\pi . Z^\mu}$ en zéro,

ii. $J_\mu(Z) \approx \sqrt{\frac{2}{\pi Z}} \cos(Z - \frac{1}{2}\mu\pi - \frac{1}{4}\pi)$ et $Y_\mu(Z) \approx \sqrt{\frac{2}{\pi Z}} \sin(Z - \frac{1}{2}\mu\pi - \frac{1}{4}\pi)$ à l'infini.
Lemme 4.2.2

$$\widehat{\Lambda_x^\nu f}(\lambda) = -\lambda^2 \widehat{f}(\lambda).$$

4. L'ÉQUATION D'EULER-POISSON-DARBOUX DANS L'ESPACE EUCLIDIEN

Preuve Il suffit d'écrire $\Lambda_x = \frac{1}{x^{1-2\nu}} \frac{\partial}{\partial x} x^{1-2\nu} \frac{\partial}{\partial x}$
et de faire deux intégrations par parties.

Lemme 4.2.3 ([13] P 675).

$$\int_0^{+\infty} r^{-\rho} J_\mu(ar) J_\nu(br) dr = \frac{2^{-\rho} a^{\rho-\nu-1} b^\nu \Gamma(\frac{1+\nu+\mu-\rho}{2})}{\Gamma(1+\nu)\Gamma(\frac{1-\nu+\mu+\rho}{2})} \times$$

$F(\frac{1+\nu+\mu-\rho}{2}, \frac{1+\nu-\mu-\rho}{2}, \nu+1, \frac{b^2}{a^2})$ où $\nu+\mu-\rho+1 > 0$, $\rho > -1$, $a > b > 0$.

avec F la fonction hypergéométrique de Gauss définie dans la section 3.1.

Lemme 4.2.4 ([13] P 677).

$$\int_0^{+\infty} \lambda^{2a-1-\mu} J_\mu(\lambda t) J_\nu(\lambda x) J_\nu(\lambda x') d\lambda =$$

$\frac{2^{2a-1-\mu}\Gamma(a+\nu)}{\Gamma(1+\mu)\Gamma(1+\nu)\Gamma(1-a)} t^\mu x^\nu x'^{-\nu-2a} . F_4(a, a+\nu, 1+\mu, 1+\nu, \frac{t^2}{x'^2}, \frac{x^2}{x'^2})$
pour $-\nu < a < \frac{5}{4} + \frac{\mu}{2}$, $x > 0$, $t > 0$ et $x' > x + t$
avec F_4 la fonction hypergéométrique d'Appell définie dans la subsection 3.2.4 ;
et pour $-\nu < a < \frac{3}{4} + \frac{\mu}{2}$ l'integrale converge absolument
et par suite, elle prolonge F_4 pour $0 < x' < x + t$.

Proposition 4.2.1.

i. $\Lambda_t^\mu \left[t^{2\mu} W_{-\mu}(t, x) \right] = t^{2\mu} \Lambda_t^{-\mu} W_{-\mu}(t, x)$.

ii. $t^{2\mu} W_{n,-\mu}(t, x)$ vérifie l'équation (E_1) si et seulement si $W_{n,\mu}(t, x)$ la vérifie.

iii. $t^{2\mu} W_{-\mu}(t, x)$ vérifie l'équation (E_2) si et seulement si $W_\mu(t, x)$ la vérifie.

Preuve
i. Par un calcul simple.
ii et iii. En remarquant que la partie radiale du Laplacien est $\Delta_{n,r} = \Lambda_r^{1-\frac{n}{2}}$ il suffit de montrer iii,
pour cela on utilise i.

4. L'ÉQUATION D'EULER-POISSON-DARBOUX DANS L'ESPACE EUCLIDIEN

Proposition 4.2.2.

Pour $W_{n,\mu}(t, x, x') = C_{n,\mu} \left[t^2 - |x' - x|^2 \right]^{\mu - \frac{n}{2}}$ et $C_{n,\mu} = \frac{\Gamma(1+\mu)}{\pi^{\frac{n}{2}} \Gamma(1+\mu-\frac{n}{2})}$, on a

i.

$$W_{n,\mu}(t, x, x') = \begin{cases} \alpha_{n,\mu} (\frac{\partial}{t \partial t})^{\frac{n-1}{2}} \left[t^2 - |x' - x|^2 \right]^{\mu - \frac{1}{2}}, \ \alpha_{n,\mu} = \frac{\Gamma(1+\mu)}{2^{\frac{n-1}{2}} \pi^{\frac{n}{2}} \Gamma(\frac{1}{2}+\mu)} \text{ si } n \text{ est impair} \\ \beta_n (\frac{\partial}{t \partial t})^{\frac{n}{2}} \left[t^2 - |x' - x|^2 \right]^{\mu}, \ \beta_n = \frac{1}{(2\pi)^{\frac{n}{2}}} \text{ si } n \text{ est pair} \end{cases}$$

ii. $W_{n,\mu}$ vérifie l'èquation (E_1).

Preuve.
i. Par récurrence sur n :
- La propriété est valable pour $n = 1$ et $n = 2$.
- On a $W_{n+2,\mu} = \frac{1}{2\pi} \left(\frac{\partial}{t \partial t} \right) W_{n,\mu}$,
d'où la propriété reste valable pour tout n.
ii. On obtient

$$\Delta_n W_{n,\mu}(t, x, x') = 2(\mu - \frac{n}{2}) C_{n,\mu}(t^2 - |x - x'|^2)^{\mu - \frac{n}{2} - 2} [2(\mu - 1)|x - x'|^2 - nt^2],$$

$$\Lambda_t^\mu W_{n,\mu}(t, x, x') =$$

$$4(\mu - \frac{n}{2}) C_{n,\mu}(t^2 - |x - x'|^2)^{\mu - \frac{n}{2} - 2} [(1 - \mu)(t^2 - |x - x'|^2) + (\mu - \frac{n}{2} - 1)t^2],$$

d'où $(\Lambda_t^\mu - \Delta_n) W_{n,\mu} = 0$.

4.3 L'ÉQUATION CLASSIQUE D'EULER-POISSON-DARBOUX

THÉORÈME 4.3.1 Pour $0 < \mu < \frac{1}{2}$, le problème de Cauchy (E_1), (C_1) admet la solution unique donnée par :

$$U(t, x) = \alpha_{n,-\mu} t^{2\mu} \left(\frac{\partial}{t \partial t} \right)^{\frac{n-1}{2}} \int_{|x'-x|<t} f(x') \left(t^2 - |x' - x|^2 \right)^{-\mu - \frac{1}{2}} dx'$$

$$+ \frac{1}{2\mu} \alpha_{n,\mu} \left(\frac{\partial}{t \partial t} \right)^{\frac{n-1}{2}} \int_{|x'-x|<t} g(x') \left(t^2 - |x' - x|^2 \right)^{\mu - \frac{1}{2}} dx'$$

4. L'ÉQUATION D'EULER-POISSON-DARBOUX DANS L'ESPACE EUCLIDIEN

si n est impair,

$$U(t,x) = \beta_n t^{2\mu} \left(\frac{\partial}{t\partial t}\right)^{\frac{n}{2}} \int_{|x'-x|<t} f(x')\left(t^2 - |x'-x|^2\right)^{-\mu} dx'$$

$$+ \frac{1}{2\mu}\beta_n \left(\frac{\partial}{t\partial t}\right)^{\frac{n}{2}} \int_{|x'-x|<t} g(x')\left(t^2 - |x'-x|^2\right)^{\mu} dx'$$

si n est pair, avec $\alpha_{n,\mu} = \frac{\Gamma(1+\mu)}{2^{\frac{n-1}{2}}\pi^{\frac{n}{2}}\Gamma(\frac{1}{2}+\mu)}$ et $\beta_n = \frac{1}{(2\pi)^{\frac{n}{2}}}$.

Preuve. Posons

$$U(t,x) = t^{2\mu} \int_{|x'-x|<t} f(x')W_{n,-\mu}(t,x,x')dx' + \frac{1}{2\mu}\int_{|x'-x|<t} g(x')W_{n,\mu}(t,x,x')dx'.$$

-Pour montrer que $U(t,x)$ vérifie l'équation (E_1), il suffit d'après la proposition 4.2.1, de montrer que $W_{n,\mu}$ la vérifie, ce qui est fait dans la proposition 4.2.2.
-Pour voir les conditions initiales on utilise les coordonnées polaires centrées en x $x' = x + r\omega$, $\omega \in \mathbb{S}^{n-1}$, $\mathbb{S}^{n-1} = \{\omega \in \mathbb{R}^n, |\omega| = 1\}$ et le changement des variables $r = ts$, $0 < s < 1$, on obtient

$$U(t,x) = C_{n,-\mu}\int_0^1 f_x^{\#}(ts)(1-s^2)^{-\mu-\frac{n}{2}}s^{n-1}ds + \frac{C_{n,\mu}}{2\mu}t^{2\mu}\int_0^1 g_x^{\#}(ts)(1-s^2)^{\mu-\frac{n}{2}}s^{n-1}ds$$

avec $f_x^{\#}(r) = \int_{\mathbb{S}^{n-1}} f(x+r\omega)d\sigma(\omega)$.

À la limite on obtient la première donnée initiale à savoir que

$$\int_0^1 (1-s^2)^{-\mu-\frac{n}{2}}s^{n-1}ds = \frac{1}{2}B(1-\mu-\frac{n}{2},\frac{n}{2}) = \frac{\Gamma(1-\mu-\frac{n}{2})\Gamma(\frac{n}{2})}{2\Gamma(1-\mu)},$$

$$\int_{\mathbb{S}^{n-1}} d\sigma(\omega) = \frac{2\pi^{\frac{n}{2}}}{\Gamma(\frac{n}{2})}.$$

De même on obtient la deuxième donnée initiale.

THÉORÈME 4.3.2 Pour $0 < \mu < \frac{1}{2}$ et $-\frac{n}{2} < q < -\frac{\mu}{2} - \frac{n}{4}$, le problème de Cauchy (E_1), (C_2) admet la solution unique donnée par :

$$U(t,x) = \int_{\mathbb{R}^n} f(x')N_{\mu}(t,x,x')dx' + \frac{t^{2\mu}}{2\mu}\int_{\mathbb{R}^n} g(x')N_{-\mu}(t,x,x')dx'$$

4. L'ÉQUATION D'EULER-POISSON-DARBOUX DANS L'ESPACE EUCLIDIEN

où $N_\mu(t, x, x')=$

$$\begin{cases} \frac{2^{2q+\frac{n}{2}} i^{2q} \Gamma(q+\frac{n}{2})}{(2\pi)^n \Gamma(-q)} |x-x'|^{-2q-n} F(q+\frac{n}{2}, q+1, 1-\mu, \frac{t^2}{|x-x'|^2}) \text{ si } 0 < t < |x-x'| \\ \frac{2^{2q+\frac{n}{2}} i^{2q} \Gamma(1-\mu)\Gamma(q+\frac{n}{2})}{(2\pi)^n \Gamma(\frac{n}{2})\Gamma(1-\mu-q-\frac{n}{2})} t^{-2q-n} F(q+\frac{n}{2}, q+\frac{n}{2}+\mu, \frac{n}{2}, \frac{|x-x'|^2}{t^2}) \text{ si } |x-x'| < t \end{cases}$$

Preuve On pose $F(x) = \Delta_x^q f(x)$ et $G(x) = \Delta_x^q g(x)$, en utilisant la transformation de Fourier et les lemmes 4.2.1, 4.2.2 et quelques propriétés des fonctions J_ν et Y_ν (voir [14] et [16]) on obtient

$$\widehat{U}(t,\xi) \approx \frac{|\xi|^\mu C_1(\xi)}{2^\mu \Gamma(\mu+1)} t^{2\mu} - \frac{2^\mu \Gamma(\mu)}{\pi |\xi|^\mu} C_2(\xi) \Rightarrow \widehat{U}(0,\xi) = -\frac{2^\mu \Gamma(\mu) C_2(\xi)}{\pi |\xi|^\mu},$$

on obtient $C_2(\xi) = -\frac{\pi |\xi|^\mu \widehat{F}(\xi)}{2^\mu \Gamma(\mu)}$, soit $Z = |\xi| t$ on a

$$\frac{\partial}{\partial t}\widehat{U}(t,\xi) = |\xi|^{1-\mu} C_1(\xi) Z^\mu J_{\mu-1}(Z) - \frac{\pi |\xi| \widehat{F}(\xi)}{2^\mu \Gamma(\mu)} Z^\mu Y_{\mu-1}(Z)$$

$$= |\xi|^{1-\mu} C_1(\xi) Z^\mu \left\{ \cos[(1-\mu)\pi] J_{1-\mu}(Z) - \sin[(1-\mu)\pi] Y_{1-\mu}(Z) \right\}$$

$$- \frac{\pi |\xi| \widehat{F}(\xi)}{2^\mu \Gamma(\mu)} Z^\mu \left\{ \sin[(1-\mu)\pi] J_{1-\mu}(Z) + \cos[(1-\mu)\pi] Y_{1-\mu}(Z) \right\},$$

$\frac{\partial}{\partial t}\widehat{U}(t,\xi) \approx \frac{t}{2^{1-\mu}\Gamma(2-\mu)} \left\{ \cos[(1-\mu)\pi] |\xi|^{2-\mu} C_1(\xi) - \frac{\pi \sin[(1-\mu)\pi]}{2^\mu \Gamma(\mu)} |\xi|^2 \widehat{F}(\xi) \right\}$

$+ \frac{2^{1-\mu}\Gamma(1-\mu)}{\pi} t^{2\mu-1} \left\{ \sin[(1-\mu)\pi] |\xi|^\mu C_1(\xi) + \frac{\pi \cos[(1-\mu)\pi]}{2^\mu \Gamma(\mu)} |\xi|^{2\mu} \widehat{F}(\xi) \right\},$

$\lim_{t \to 0} t^{1-2\mu} \frac{\partial}{\partial t}\widehat{U}(t,\xi) = \frac{2^{1-\mu}\Gamma(1-\mu)}{\pi} \left\{ \sin[(1-\mu)\pi] |\xi|^\mu C_1(\xi) + \frac{\pi \cos[(1-\mu)\pi]}{2^\mu \Gamma(\mu)} |\xi|^{2\mu} \widehat{F}(\xi) \right\}$

$\Rightarrow C_1(\xi) = -\frac{\pi |\xi|^\mu \widehat{F}(\xi)}{2^\mu \tan[(1-\mu)\pi]\Gamma(\mu)} + \frac{\pi |\xi|^{-\mu} \widehat{G}(\xi)}{2^{1-\mu} \sin[(1-\mu)\pi]\Gamma(1-\mu)},$

par suite on a $\widehat{U}(t,\xi)=$

$$\left\{ -\frac{\pi |\xi|^\mu \widehat{F}(\xi)}{2^\mu \tan[(1-\mu)\pi]\Gamma(\mu)} + \frac{\pi |\xi|^{-\mu} \widehat{G}(\xi)}{2^{1-\mu} \sin[(1-\mu)\pi]\Gamma(1-\mu)} \right\} t^\mu J_\mu(|\xi|t) - \frac{\pi |\xi|^\mu \widehat{F}(\xi)}{2^\mu \Gamma(\mu)} t^\mu Y_\mu(|\xi|t)$$

$$= \frac{\pi |\xi|^{-\mu} \widehat{G}(\xi)}{2^{1-\mu} \sin[(1-\mu)\pi]\Gamma(1-\mu)} t^\mu J_\mu(|\xi|t) - \frac{\pi |\xi|^\mu \widehat{F}(\xi)}{2^\mu \Gamma(\mu)} t^\mu \left\{ \frac{1}{\tan[(1-\mu)\pi]} J_\mu(|\xi|t) + Y_\mu(|\xi|t) \right\}, \text{ or}$$

$$\frac{1}{\tan[(1-\mu)\pi]} J_\mu(|\xi|t) + Y_\mu(|\xi|t) = -\frac{J_{-\mu}(|\xi|t)}{\sin[(1-\mu)\pi]} \text{ et } \Gamma(\mu)\Gamma(1-\mu) = \frac{\pi}{\sin[(1-\mu)\pi]},$$

4. L'ÉQUATION D'EULER-POISSON-DARBOUX DANS L'ESPACE EUCLIDIEN

alors $\widehat{U}(t,\xi) = 2^{-\mu}\Gamma(1-\mu)t^{\mu}|\xi|^{\mu} J_{-\mu}(|\xi|t)\widehat{F}(\xi) + 2^{\mu-1}\Gamma(\mu)t^{\mu}|\xi|^{-\mu} J_{\mu}(|\xi|t)\widehat{G}(\xi)$, donc

$\widehat{U}(t,\xi) = 2^{-\mu}i^{2q}\Gamma(1-\mu)t^{\mu}|\xi|^{2q+\mu} J_{-\mu}(|\xi|t)\widehat{f}(\xi) + 2^{\mu-1}i^{2q}\Gamma(\mu)t^{\mu}|\xi|^{2q-\mu} J_{\mu}(|\xi|t)\widehat{g}(\xi)$.

La transformation inverse de Fourier, l'interversion des intégrales et le lemme 4.2.3 nous donnent le résultat du théorème 4.3.2.

Remarque 4.3.1 On justifie l'interversion des intégrales à l'aide de Fubini, car les intégrales qui représentent les noyaux convergent absolument
(voir les lemmes 4.2.1 et 4.2.3).

Remarque 4.3.2 Les noyaux des solutions du théorème 4.3.1 et 4.3.2 sont singuliers en $t \in \{|x-x'|, 0\}$.

4.4 L'ÉQUATION RADIALE D'EULER-POISSON-DARBOUX

THÉORÈME 4.4.1 Pour $\nu > -\frac{1}{2}$ et $0 < \mu < \frac{1}{2}$, le problème de Cauchy (E_2), (C_1) admet la solution unique donnée par :

$$U(t,x) = \int_0^{+\infty} f(x')t^{2\mu}K_{-\mu}(t,x,x')x'^{1-2\nu}dx' + \frac{1}{2\mu}\int_0^{+\infty} g(x')K_{\mu}(t,x,x')x'^{1-2\nu}dx'$$

où $K_{\mu}(t,x,x') =$
$$\begin{cases} 0 \quad \text{pour } 0 < x' < x-t \text{ ou } x' > x+t, \\ \frac{2^{\mu-\frac{1}{2}}\Gamma(1+\mu)}{\sqrt{\pi}\Gamma(\frac{1}{2}+\mu)}(xx')^{\nu+\mu-1}(1-z)^{\mu-\frac{1}{2}}F(\frac{1}{2}-\nu,\frac{1}{2}+\nu,\frac{1}{2}+\mu,\frac{1-z}{2}) \\ \text{pour } |x-t| < x' < x+t, \\ \frac{2^{\mu-\nu}\Gamma(1+\mu)\Gamma(1-\mu+\nu)\sin[(\mu-\nu)\pi]}{\pi\Gamma(\nu+1)}(xx')^{\nu+\mu-1}z^{\mu-\nu-1} \times \\ \times F(\frac{\nu-\mu+1}{2},\frac{\nu-\mu}{2}+1,\nu+1,\frac{1}{z^2}) \text{ pour } 0 < x' < t-x \text{ avec } z = \frac{x^2+x'^2-t^2}{2xx'}. \end{cases}$$

Preuve

- Pour montrer que $U(t,x)$ vérifie l'équation (E_2), il suffit d'après la proposition 4.2.1, de montrer que W_{μ} la vérifie, pour cela on fait le changement des fonctions $\varphi(t,x) = x^{\nu+\mu-1}\psi(t,x)$, on obtient

$$\left[\frac{\partial^2}{\partial x^2} + \frac{2\mu-1}{x}\frac{\partial}{\partial x} + \frac{(\mu-1)^2-\nu^2}{x^2}\right]\psi(t,x) = \left[\frac{\partial^2}{\partial t^2} + \frac{1-2\mu}{t}\frac{\partial}{\partial t}\right]\psi(t,x),$$

on pose $\psi(t,x) = P(z)$ avec $z = \frac{x^2+x'^2-t^2}{2xx'}$ alors

$$\left[(1-z^2)\frac{\partial^2}{\partial z^2} + (2\mu-3)z\frac{\partial}{\partial z} + \nu^2 - (\mu-1)^2\right]P(z) = 0,$$

4. L'ÉQUATION D'EULER-POISSON-DARBOUX DANS L'ESPACE EUCLIDIEN

finalement, pour $P(z) = (1 - z^2)^{\frac{\mu}{2} - \frac{1}{4}} Q(z)$ on obtient
l'équation de Legendre [16] P 198

$$\left[(1 - z^2)\frac{\partial^2}{\partial z^2} - 2z\frac{\partial}{\partial z} + (\nu^2 - \frac{1}{4}) - \frac{(\frac{1}{2} - \mu)^2}{1 - z^2}\right] Q(z) = 0,$$

dont deux solutions sont $P_{\nu - \frac{1}{2}}^{\frac{1}{2} - \mu}(z)$ et $Q_{\nu - \frac{1}{2}}^{\frac{1}{2} - \mu}(z)$ où

$P_{\nu}^{\mu}(z) = \frac{1}{\Gamma(1-\mu)}(\frac{1+z}{1-z})^{\frac{\mu}{2}} F(-\nu, \nu + 1, 1 - \mu, \frac{1-z}{2})$ pour $|z - 1| < 2$, et

$Q_{\nu}^{\mu}(z) = e^{i\pi\mu} \frac{\sqrt{\pi}\Gamma(\nu+\mu+1)}{2^{\nu+1}\Gamma(\nu+\frac{3}{2})}(z^2 - 1)^{\frac{\mu}{2}} z^{-\nu-\mu-1} F(\frac{\nu+\mu}{2} + 1, \frac{\nu+\mu+1}{2}, \nu + \frac{3}{2}, \frac{1}{z^2})$

lorsque $|z| > 1$.

- Pour les conditions initiales on prend $t < x$, on obtient
$U(t, x) =$
$\frac{2^{-2\mu-1}\Gamma(1-\mu)}{\sqrt{\pi}\Gamma(\frac{1}{2}-\mu)} t^{2\mu} \int_{x-t}^{x+t} f(x')(xx')^{\nu-\mu-1} X^{-\mu-\frac{1}{2}} F(\frac{1}{2} - \nu, \frac{1}{2} + \nu, \frac{1}{2} - \mu, X) x'^{1-2\nu} dx'$
$+ \frac{4^{\mu-1}\Gamma(\mu)}{\sqrt{\pi}\Gamma(\frac{1}{2}+\mu)} \int_{x-t}^{x+t} g(x')(xx')^{\nu+\mu-1} X^{\mu-\frac{1}{2}} F(\frac{1}{2} - \nu, \frac{1}{2} + \nu, \frac{1}{2} + \mu, X) x'^{1-2\nu} dx',$

le changement des variables $x' = x + ts$ donne

$U(t, x) = \frac{\Gamma(1-\mu)}{\sqrt{\pi}\Gamma(\frac{1}{2}-\mu)} \times$
$\times \int_{-1}^{1} f(x+ts) x^{\nu-\frac{1}{2}} (x+ts)^{-\nu+\frac{1}{2}} (1-s^2)^{-\mu-\frac{1}{2}} F(\frac{1}{2} - \nu, \frac{1}{2} + \nu, \frac{1}{2} - \mu, \frac{t^2(1-s^2)}{4x(x+ts)}) ds$
$+ \frac{\Gamma(\mu) t^{2\mu}}{2\sqrt{\pi}\Gamma(\frac{1}{2}+\mu)} \times$
$\times \int_{-1}^{1} g(x+ts) x^{\nu-\frac{1}{2}} (x+ts)^{-\nu+\frac{1}{2}} (1-s^2)^{\mu-\frac{1}{2}} F(\frac{1}{2} - \nu, \frac{1}{2} + \nu, \frac{1}{2} + \mu, \frac{t^2(1-s^2)}{4x(x+ts)}) ds,$

à la limite on obtient la première donnée initiale à savoir que

$$\int_{-1}^{1}(1-s^2)^{-\mu-\frac{1}{2}} ds = 2^{-2\mu} B(\frac{1}{2} - \mu, \frac{1}{2} + \mu) = \frac{2^{-2\mu}[\Gamma(\frac{1}{2} - \mu)]^2}{\Gamma(1 - 2\mu)} = \frac{\sqrt{\pi}\Gamma(\frac{1}{2} - \mu)}{\Gamma(1 - \mu)}.$$

De même on obtient la deuxième donnée initiale.

THÉORÈME 4.4.2 Pour $0 < \mu < 1$ et les données initiales analytiques
$f(x) = \sum_{l=0}^{\infty} a_l x^l$ et $g(x) = \sum_{l=0}^{\infty} b_l x^l$,
le problème (E_2), (C_1) admet la solution unique donnée par :

$$U(t, x) = \sum_{l=0}^{\infty} a_l U_l + \sum_{l=0}^{\infty} b_l V_l$$

4. L'ÉQUATION D'EULER-POISSON-DARBOUX DANS L'ESPACE EUCLIDIEN

où $U_l = x^l F(-\frac{l}{2}, \nu - \frac{l}{2}, 1 - \mu, \frac{t^2}{x^2})$ et $V_l = \frac{t^{2\mu}}{2\mu} x^l F(-\frac{l}{2}, \nu - \frac{l}{2}, 1 + \mu, \frac{t^2}{x^2})$.

Preuve D'après le principe de superposition, il suffit d'étudier les problèmes de Cauchy [2]

$$\Lambda_x^\nu U_l = \Lambda_t^\mu U_l, \ \Lambda_x^\nu = \Lambda_x, \ U_l(0, x) = x^l, \ \lim_{t \to 0} t^{1-2\mu} \frac{\partial}{\partial t} U(t, x) = 0. \quad (P_1)$$

$$\Lambda_x^\nu V_l = \Lambda_t^\mu V_l, \ V_l(0, x) = 0, \ \lim_{t \to 0} t^{1-2\mu} \frac{\partial}{\partial t} V(t, x) = x^l. \quad (P_2)$$

Pour résoudre (P_1), on pose $U_l = x^l \phi(Z)$ avec $Z = \frac{t^2}{x^2}$ et $|Z| < 1$, on obtient l'équation

$$Z(1-Z) \frac{\partial^2 \phi}{\partial Z^2} + [1 - \mu - (\nu - l + 1)Z] \frac{\partial \phi}{\partial Z} + \frac{l}{2}(\nu - \frac{l}{2}) \phi = 0.$$

Or $1-\mu \notin \mathbb{Z}$, la solution générale de cette équation s'écrit sous la forme ([14] P248) :

$$\phi(Z) = A F(-\frac{l}{2}, \nu - \frac{l}{2}, 1 - \mu, Z) + B Z^\mu F(\mu - \frac{l}{2}, \nu + \mu - \frac{l}{2}, 1 + \mu, Z).$$

Les conditions initiales pour U_l donnent $A = 1$ et $B = 0$, et par suite on obtient $U_l = x^l F(-\frac{l}{2}, \nu - \frac{l}{2}, 1 - \mu, Z)$.

De la même manière pour résoudre (P_2), on pose $V_l = \frac{t^{2\mu}}{2\mu} x^l \psi(Z)$
avec $Z = \frac{t^2}{x^2}$ et $|Z| < 1$, on obtient l'équation

$$Z(1-Z) \frac{\partial^2 \psi}{\partial Z^2} + [1 + \mu - (\nu - l + 1)Z] \frac{\partial \phi}{\partial Z} + \frac{l}{2}(\nu - \frac{l}{2}) \phi = 0,$$

$1 + \mu \notin \mathbb{Z}$, la solution générale s'écrit sous la forme :

$$\psi(Z) = A' F(-\frac{l}{2}, \nu - \frac{l}{2}, 1 + \mu, Z) + B' Z^{-\mu} F(-\mu - \frac{l}{2}, \nu - \mu - \frac{l}{2}, 1 - \mu, Z).$$

Les conditions initiales pour V_l donnent $A' = 1$ et $B' = 0$, et par suite on obtient $V_l = \frac{t^{2\mu}}{2\mu} x^l F(-\frac{l}{2}, \nu - \frac{l}{2}, 1 + \mu, Z)$.

Remarque 4.4.1 Les noyaux des solutions du théorème 4.4.1 et 4.4.2 sont singuliers en $t \in \{|x - x'|, x + x', 0\}$.

4. L'ÉQUATION D'EULER-POISSON-DARBOUX DANS L'ESPACE EUCLIDIEN

THÉORÈME 4.4.3 Pour $v > -\frac{1}{2}$, $0 < \mu < \frac{1}{2}$ et $-\frac{1}{2} < q < -\frac{\mu}{2} - \frac{1}{4}$, le problème de Cauchy (E_2), (C_2) admet la solution unique donnée par :

$U(t,x) = K(v,q) \int_0^{+\infty} f(x') H_\mu(t,x,x') x'^{1-2v} dx'$
$+ \frac{K(v,q) t^{2\mu}}{2\mu} \int_0^{+\infty} g(x') H_{-\mu}(t,x,x') x'^{1-2v} dx'$ avec

$$H_\mu(t,x,x') = x^{2v} x'^{-2(q+1)} F_4(q+1, q+1+v, 1-\mu, 1+v, \frac{t^2}{x'^2}, \frac{x^2}{x'^2})$$

et $K(v,q) = \frac{2^{2q+1} i^{2q} \Gamma(q+1+v)}{\Gamma(1+v)\Gamma(-q)}$.

Preuve par une méthode analogue à celle procédée dans la preuve du théorème 4.3.2 on obtient

$$\widehat{U}(t,\lambda) = 2^{-\mu} \Gamma(1-\mu) t^\mu \lambda^\mu J_{-\mu}(\lambda t) \widehat{F}(\lambda) + 2^{\mu-1} \Gamma(\mu) t^\mu \lambda^{-\mu} J_\mu(\lambda t) \widehat{G}(\lambda).$$

La transformation inverse de Fourier-Bessel-Hankel, l'interversion des intégrales et le lemme 4.2.4 nous donnent le résultat du théorème 4.4.3.

Remarque 4.4.2
Le noyau de la solution du théorème 4.4.3 est singulier en $t \in \{|x - x'|, 0\}$.

Proposition 4.4.1
$U(t,x) = x^\alpha (x^2 - t^2)^\beta F_4(\frac{-\alpha}{2}, \frac{-\alpha}{2} + v, 1-\mu, \gamma, \frac{t^2}{x^2}, \frac{(x^2-t^2)^2}{x^2})$
vérifie l'équation (E_2) avec $\beta = \mu + v - \alpha - 1$

Preuve
On cherche une solution de (E_2) sous la forme
$V(t,x) = x^\alpha (x^2 - t^2)^\beta W(t,x)$, on obtient que W vérifie l'équation

$x^2 \frac{\partial^2 W}{\partial x^2} + (1 - 2v + 2\alpha + 4\beta \frac{x^2}{x^2-t^2}) x \frac{\partial W}{\partial x} =$

$$x^2 \frac{\partial^2 W}{\partial t^2} + \left(\frac{1-2\mu}{t} - 4\beta \frac{t}{x^2-t^2} \right) x^2 \frac{\partial W}{\partial t} + \alpha(2v - \alpha) W.$$

en posant $W(t,x) = F(y,z)$ avec $y = \frac{t^2}{x^2}$ et $z = \frac{(x^2-t^2)^2}{x^2}$ on trouve que F vérifie la première équation du système 3.2.4.

Chapitre 5

APPLICATIONS

5.1 ÉQUATION DES ONDES MULTIDIMENSIONNELLE

Corollaire 5.1 (Voir [8]).
Pour $\mu \to \frac{1}{2}$ dans le théorème 4.3.1, on retrouve la solution du problème de Cauchy pour l'équation des ondes classique en dimension n

$$U(t,x) = b(N)\frac{\partial}{\partial t}(\frac{1}{t}\frac{\partial}{\partial t})^{N-1}\left[t^{2N-1}\int_{\{|y|=1\}}\Phi(x-ty)d\sigma(y)\right] +$$

$$b(N)(\frac{1}{t}\frac{\partial}{\partial t})^{N-1}\left[t^{2N-1}\int_{\{|y|=1\}}\Psi(x-ty)d\sigma(y)\right] \text{ si } n \text{ est impair } (n = 2N+1)$$

où $b(N) = 2^{-1}[1.3.5...(2N-1)]^{-1}\pi^{-N-\frac{1}{2}}\Gamma(N+\frac{1}{2}) = \frac{1}{2(2\pi)^N}$
et $d\sigma(y)$ est la mesure de surface $\{|y|=1\}$,

$$U(t,x) = 2b(N)\frac{\partial}{\partial t}(\frac{1}{t}\frac{\partial}{\partial t})^{N-1}\left[t^{2N-1}\int_{\{|y|<1\}}\frac{\Phi(x-ty)}{\sqrt{1-|y|^2}}dy\right] +$$

$$2b(N)(\frac{1}{t}\frac{\partial}{\partial t})^{N-1}\left[t^{2N-1}\int_{\{|y|<1\}}\frac{\Psi(x-ty)}{\sqrt{1-|y|^2}}dy\right] \text{ si } n \text{ est pair } (n = 2N).$$

Preuve. On distingue deux cas :
- **Cas** n **impair** ($n = 2N + 1$). $U(t,x) = I_1(t,x) + J_1(t,x)$,

$$I_1(t,x) = \frac{\Gamma(\frac{1}{2})}{2^N \pi^{N+\frac{1}{2}}} \lim_{\mu \to \frac{1}{2}} \frac{1}{\Gamma(\frac{1}{2}-\mu)} t(\frac{\partial}{t\partial t})^N \int_{|x'-x|<t} f(x')\left(t^2-|x'-x|^2\right)^{-\mu-\frac{1}{2}} dx',$$

5. APPLICATIONS

et $J_1(t, x) = \frac{1}{2(2\pi)^N} \left(\frac{\partial}{\partial t\partial t}\right)^N \int_{|x'-x|<t} g(x')\, dx'$,

$$I_1(t, x) = \frac{1}{2(2\pi)^N} \lim_{\mu \to \frac{1}{2}} t(\frac{\partial}{\partial t\partial t})^N \frac{1}{t}\frac{\partial}{\partial t} \int_{|x'-x|<t} f(x') \left(t^2 - |x' - x|^2\right)^{\frac{1}{2}-\mu} dx'$$

$= \frac{1}{2(2\pi)^N} \frac{\partial}{\partial t}(\frac{\partial}{\partial t\partial t})^N \int_{|x'-x|<t} f(x')\, dx'$

et $(\frac{\partial}{\partial t\partial t})^N \int_{|x'-x|<t} f(x')\, dx' = (\frac{\partial}{\partial t\partial t})^{N-1} \frac{1}{t}\frac{\partial}{\partial t} \left\{ t^{2N+1} \int_0^1 \left[\int_{|y|=1} f(x-tsy)\, d\sigma(y)\right] s^{2N} ds \right\}$

et $\frac{1}{t}\frac{\partial}{\partial t} \left\{ t^{2N+1} \int_0^1 \left[\int_{|y|=1} f(x-tsy)\, d\sigma(y)\right] s^{2N} ds \right\} =$
$(2N+1)t^{2N-1} \int_0^1 \left[\int_{|y|=1} f(x-tsy)\, d\sigma(y)\right] s^{2N} ds$

$- t^{2N} \int_0^1 [\int_{|y|=1} f'(x-tsy) y\, d\sigma(y)] s^{2N+1} ds$

et $(2N+1)t^{2N-1} \int_0^1 \left[\int_{|y|=1} f(x-tsy)\, d\sigma(y)\right] s^{2N} ds =$
$t^{2N-1} \left\{ \left[s^{2N+1} \int_{|y|=1} f(x-tsy)\, d\sigma(y) \right]_0^1 + t \int_0^1 \left[\int_{|y|=1} f'(x-tsy) y\, d\sigma(y)\right] s^{2N+1} ds \right\}$,

donc $I_1(t, x) = \frac{1}{2(2\pi)^N} \frac{\partial}{\partial t}(\frac{\partial}{\partial t\partial t})^{N-1} \left\{ t^{2N-1} \int_{|y|=1} f(x-ty)\, d\sigma(y) \right\}$,

et $J_1(t, x) = \frac{1}{2(2\pi)^N} (\frac{\partial}{\partial t\partial t})^{N-1} \left\{ t^{2N-1} \int_{|y|=1} g(x-ty)\, d\sigma(y) \right\}$.

- **Cas n pair** ($n = 2N$). $U(t, x) = I_2(t, x) + J_2(t, x)$,

$$I_2(t, x) = \frac{1}{(2\pi)^N} t(\frac{\partial}{\partial t\partial t})^N \int_{|x'-x|<t} f(x') \left(t^2 - |x' - x|^2\right)^{-\frac{1}{2}} dx',$$

et $J_2(t, x) = \frac{1}{(2\pi)^N} (\frac{\partial}{\partial t\partial t})^N \int_{|x'-x|<t} g(x') \left(t^2 - |x' - x|^2\right)^{\frac{1}{2}} dx'$,

$$I_2(t, x) = \frac{1}{(2\pi)^N} t(\frac{\partial}{\partial t\partial t})^N \frac{1}{t}\frac{\partial}{\partial t} \int_{|x'-x|<t} f(x') \left(t^2 - |x' - x|^2\right)^{\frac{1}{2}} dx',$$

$I_2(t, x) = \frac{1}{(2\pi)^N} \frac{\partial}{\partial t}(\frac{\partial}{\partial t\partial t})^N \int_{|x'-x|<t} f(x') \left(t^2 - |x' - x|^2\right)^{\frac{1}{2}} dx'$

et $(\frac{\partial}{\partial t\partial t})^N \int_{|x'-x|<t} f(x') \left(t^2 - |x' - x|^2\right)^{\frac{1}{2}} dx' =$
$(\frac{\partial}{\partial t\partial t})^{N-1} \int_{|x'-x|<t} f(x') \left(t^2 - |x' - x|^2\right)^{-\frac{1}{2}} dx'$,

donc $I_2(t,x) = \frac{1}{(2\pi)^N} \frac{\partial}{\partial t}(\frac{\partial}{t\partial t})^{N-1} \left\{ t^{2N-1} \int_{|y|<1} f(x-ty)\left(1-|y|^2\right)^{-\frac{1}{2}} dy \right\}$

et $J_2(t,x) = \frac{1}{(2\pi)^N} (\frac{\partial}{t\partial t})^{N-1} \left\{ t^{2N-1} \int_{|y|<1} g(x-ty)\left(1-|y|^2\right)^{-\frac{1}{2}} dy \right\}.$

5.2 ÉQUATION RADIALE DES ONDES

Corollaire 5.2 (Théorème 1.1 [8]).
Pour $\nu = -\alpha$ et $\mu \to \frac{1}{2}$ dans le théorème 4.4.1, on retrouve la solution du problème de Cauchy pour l'équation radiale des ondes

$U(t,x) = \int_0^{+\infty} g(x')K(t,x,x')dx' + \int_0^{+\infty} f(x')\frac{\partial}{\partial t}K(t,x,x')dx'$

$+ \begin{cases} \frac{1}{2}x^{-\alpha-\frac{1}{2}}[f(x-t)(x-t)^{\frac{1}{2}+\alpha} + f(x+t)(x+t)^{\frac{1}{2}+\alpha}] \text{ pour } t < x \\ \frac{1}{2}x^{-\alpha-\frac{1}{2}}[-\sin\pi\alpha.f(t-x)(t-x)^{\frac{1}{2}+\alpha} + f(t+x)(t+x)^{\frac{1}{2}+\alpha}] \text{ pour } x < t \end{cases}$

où $K(t,x,x') = K_{\frac{1}{2}}(t,x,x')x'^{1+2\alpha} =$

$\begin{cases} 0 \text{ pour } 0 < x' < x-t \text{ ou } x' > x+t, \\ \frac{1}{2}x^{-\alpha-\frac{1}{2}}x'^{\frac{1}{2}+\alpha}F(\frac{1}{2}-\alpha, \frac{1}{2}+\alpha, 1, \frac{t^2-(x'-x)^2}{4xx'}) \text{ pour } |x-t| < x' < x+t, \\ \frac{2^{-2\alpha-1}\sqrt{\pi}}{\Gamma(\frac{1}{2}-\alpha)\Gamma(\alpha+1)}x^{-\alpha-\frac{1}{2}}x'^{\alpha+\frac{1}{2}}(\frac{4xx'}{t^2-(x'-x)^2})^{\alpha+\frac{1}{2}}\times \\ \times F(\alpha+\frac{1}{2}, \alpha+\frac{1}{2}, 2\alpha+1, \frac{4xx'}{t^2-(x'-x)^2}) \text{ pour } 0 < x' < t-x. \end{cases}$

Preuve. D'après les relations [16]P41 :

$\frac{d}{dX}\left[X^{c-1}F(a,b,c,X)\right] = (c-1)X^{c-2}F(a+1,b,c-1,X)$

et $\frac{d}{dY}\left[Y^a F(a,b,c,Y)\right] = aY^{a-1}F(a+1,b,c,Y)$,
on obtient
$U(t,x) = \lim_{\mu \to \frac{1}{2}} \frac{4^{-\mu-\frac{1}{2}}\Gamma(1-\mu)}{\sqrt{\pi}\Gamma(\frac{3}{2}-\mu)} t^{2\mu} \times$

$\times \int_{|x-t|}^{x+t} f(x')(xx')^{-\alpha-\mu-1}\frac{d}{dX}\left[X^{\frac{1}{2}-\mu}F(\frac{1}{2}-\alpha, \frac{1}{2}+\alpha, \frac{3}{2}-\mu, X)\right]x'^{1+2\alpha}dx' +$

$\left[\int_0^{t-x} f(x')\frac{\partial}{\partial t}K(t,x,x')dx' \text{ si } t > x\right] +$
$\int_0^{+\infty} g(x')K(t,x,x')dx', X = \frac{1-z}{2} \text{ avec } z = \frac{x^2+x'^2-t^2}{2xx'}.$

5. APPLICATIONS

On distingue deux cas :

- Pour t < x, on obtient

$$U(t,x) = \lim_{\mu \to \frac{1}{2}} \frac{4^{-\mu-\frac{1}{2}}\Gamma(1-\mu)}{\sqrt{\pi}\Gamma(\frac{3}{2}-\mu)} t^{2\mu} x^{-\alpha-\mu-1} \times$$

$$\times \int_{x-t}^{x+t} f(x') x'^{\alpha-\mu} X^{\frac{1}{2}-\mu} \frac{d}{dX} F(\frac{1}{2}-\alpha, \frac{1}{2}+\alpha, \frac{3}{2}-\mu, X) dx'$$

$$+ \lim_{\mu \to \frac{1}{2}} \frac{4^{-\mu-\frac{1}{2}}\Gamma(1-\mu)(\frac{1}{2}-\mu)}{\sqrt{\pi}\Gamma(\frac{3}{2}-\mu)} t^{2\mu} x^{-\alpha-\mu-1} \times$$

$$\times \int_{x-t}^{x+t} f(x') x'^{\alpha-\mu} X^{-\frac{1}{2}-\mu} F(\frac{1}{2}-\alpha, \frac{1}{2}+\alpha, \frac{3}{2}-\mu, X) dx' + \int_0^{+\infty} g(x') K(t,x,x') dx',$$

alors

$$U(t,x) = \int_0^{+\infty} g(x') K(t,x,x') dx' + \int_0^{+\infty} f(x') \frac{\partial}{\partial t} K(t,x,x') dx'$$

$$+ \lim_{\mu \to \frac{1}{2}} \frac{\Gamma(1-\mu)}{2\sqrt{\pi}\Gamma(\frac{3}{2}-\mu)} t^{2\mu} x^{-\alpha-\frac{1}{2}} \times$$

$$\times \int_{x-t}^{x+t} \frac{f(x') x'^{\alpha+\frac{1}{2}}}{x-x'} F(\frac{1}{2}-\alpha, \frac{1}{2}+\alpha, \frac{3}{2}-\mu, X) \frac{d}{dx'} \left[t^2 - (x'-x)^2 \right]^{\frac{1}{2}-\mu} dx',$$

une intégration par parties montre que la valeur de la dernière limite est

$$\frac{1}{2} x^{-\alpha-\frac{1}{2}} \left[f(x-t)(x-t)^{\frac{1}{2}+\alpha} + f(x+t)(x+t)^{\frac{1}{2}+\alpha} \right],$$

d'où

$$U(t,x) = \int_0^{+\infty} g(x') K(t,x,x') dx' + \int_0^{+\infty} f(x') \frac{\partial}{\partial t} K(t,x,x') dx'$$

$$+ \frac{1}{2} x^{-\alpha-\frac{1}{2}} \left[f(x-t)(x-t)^{\frac{1}{2}+\alpha} + f(x+t)(x+t)^{\frac{1}{2}+\alpha} \right].$$

- Pour x < t, le changement des variables $x' = \sqrt{t^2-(1-z^2)x^2} + zx$, donne

$$U(t,x) = \int_0^{+\infty} g(x') K(t,x,x') dx' + \int_0^{t-x} f(x') \frac{\partial}{\partial t} K(t,x,x') dx'$$

$$- \frac{1}{2} t x^{-\alpha-\frac{1}{2}} \lim_{\mu \to \frac{1}{2}} \int_{-1}^{1} \frac{f(x') x'^{\frac{1}{2}+\alpha}}{\sqrt{t^2-(1-z^2)x^2}} \frac{d}{dz} \left[(1-z^2)^{\frac{1}{4}-\frac{\mu}{2}} P_{\alpha-\frac{1}{2}}^{\mu-\frac{1}{2}}(z) \right] dz,$$

5. APPLICATIONS

en utilisant la relation [16] $P167$

$$P_{\alpha-\frac{1}{2}}^{\mu-\frac{1}{2}}(z) = \frac{1}{\cos(\mu-\frac{1}{2})\pi}\left[\frac{\Gamma(\alpha+\mu)}{\Gamma(\alpha+1-\mu)}P_{\alpha-\frac{1}{2}}^{\frac{1}{2}-\mu}(z) + \frac{2}{\Gamma(\mu-\frac{1}{2})\Gamma(\frac{3}{2}-\mu)}Q_{\alpha-\frac{1}{2}}^{\mu-\frac{1}{2}}(z)\right],$$

on voit que la valeur de la dernière limite est
$\int_{t-x}^{t+x} f(x')\frac{\partial}{\partial t}K(t,x,x')dx'$

$$-\frac{1}{2}tx^{-\alpha-\frac{1}{2}}lim_{\mu\to\frac{1}{2}}\int_{-1}^{1}\frac{f(x')x'^{\frac{1}{2}+\alpha}}{\sqrt{t^2-(1-z^2)x^2}}\frac{d}{dz}\left[(1-z^2)^{\frac{1}{4}-\frac{\mu}{2}}(\frac{2}{\Gamma(\mu-\frac{1}{2})\Gamma(\frac{3}{2}-\mu)}Q_{\alpha-\frac{1}{2}}^{\mu-\frac{1}{2}}(z))\right]dz,$$

soit alors

$$U(t,x) = \int_{0}^{+\infty} g(x')K(t,x,x')dx' + \int_{0}^{+\infty} f(x')\frac{\partial}{\partial t}K(t,x,x')dx'$$

$$-\frac{1}{2}tx^{-\alpha-\frac{1}{2}}lim_{\mu\to\frac{1}{2}}\left[\frac{f(x')x'^{\frac{1}{2}+\alpha}}{\sqrt{t^2-(1-z^2)x^2}}(1-z^2)^{\frac{1}{4}-\frac{\mu}{2}}\frac{2}{\Gamma(\mu-\frac{1}{2})\Gamma(\frac{3}{2}-\mu)}Q_{\alpha-\frac{1}{2}}^{\mu-\frac{1}{2}}(z)\right]_{-1}^{1}$$

$$+\frac{1}{2}tx^{-\alpha-\frac{1}{2}}lim_{\mu\to\frac{1}{2}}\int_{-1}^{1}\frac{d}{dz}\left[\frac{f(x')x'^{\frac{1}{2}+\alpha}}{\sqrt{t^2-(1-z^2)x^2}}\right](1-z^2)^{\frac{1}{4}-\frac{\mu}{2}}\frac{2}{\Gamma(\mu-\frac{1}{2})\Gamma(\frac{3}{2}-\mu)}Q_{\alpha-\frac{1}{2}}^{\mu-\frac{1}{2}}(z)dz,$$

d'après le comportement asymptotique de la fonction Q_ν^μ [16] $P196-197$

$Q_\nu^\mu(z) \approx 2^{-1-\frac{1}{2}\mu}\Gamma(-\mu)\frac{\Gamma(\nu+\mu+1)}{\Gamma(\nu-\mu+1)}(1-z)^{\frac{\mu}{2}}$ pour $z \approx 1$, $\mu < 0$,

$Q_\nu^\mu(z) \approx 2^{-1-\frac{1}{2}\mu}\Gamma(-\mu)\cos[\pi(\nu+\mu)]\frac{\Gamma(\nu+\mu+1)}{\Gamma(\nu-\mu+1)}(1+z)^{\frac{\mu}{2}}$ pour $z \approx -1$, $\mu < 0$,

on a $\left[\frac{f(x')x'^{\frac{1}{2}+\alpha}}{\sqrt{t^2-(1-z^2)x^2}}(1-z^2)^{\frac{1}{4}-\frac{\mu}{2}}\frac{2}{\Gamma(\mu-\frac{1}{2})\Gamma(\frac{3}{2}-\mu)}Q_{\alpha-\frac{1}{2}}^{\mu-\frac{1}{2}}(z)\right]_{-1}^{1} =$
$\frac{1}{2}x^{-\alpha-\frac{1}{2}}\left[-\sin\pi\alpha.f(t-x)(t-x)^{\frac{1}{2}+\alpha}+f(t+x)(t+x)^{\frac{1}{2}+\alpha}\right]$;

et d'après le théorème de convergence dominée de Lebesgue on a

$$\lim_{\mu\to\frac{1}{2}}\int_{-1}^{1}\frac{d}{dz}\left[\frac{f(x')x'^{\frac{1}{2}+\alpha}}{\sqrt{t^2-(1-z^2)x^2}}\right](1-z^2)^{\frac{1}{4}-\frac{\mu}{2}}\frac{2}{\Gamma(\mu-\frac{1}{2})\Gamma(\frac{3}{2}-\mu)}Q_{\alpha-\frac{1}{2}}^{\mu-\frac{1}{2}}(z)dz = 0$$

à savoir que

$$\frac{2}{\Gamma(\mu - \frac{1}{2})\Gamma(\frac{3}{2} - \mu)} Q_{\alpha-\frac{1}{2}}^{\mu-\frac{1}{2}}(z) = P_{\alpha-\frac{1}{2}}^{\mu-\frac{1}{2}}(z) - \frac{1}{\cos(\mu - \frac{1}{2})\pi} \frac{\Gamma(\alpha + \mu)}{\Gamma(\alpha + 1 - \mu)} P_{\alpha-\frac{1}{2}}^{\frac{1}{2}-\mu}(z),$$

d'où $U(t,x) = \int_0^{+\infty} g(x')K(t,x,x')dx' + \int_0^{+\infty} f(x')\frac{\partial}{\partial t}K(t,x,x')dx'$
$+ \frac{1}{2}x^{-\alpha-\frac{1}{2}}\left[-\sin\pi\alpha.f(t-x)(t-x)^{\frac{1}{2}+\alpha} + f(t+x)(t+x)^{\frac{1}{2}+\alpha}\right].$

5.3 ÉQUATION HOMOGENE D'EULER-POISSON-DARBOUX

Corollaire 5.3 (Théorème 2.1.1 [2]).

Pour $\mu = \frac{1}{2}$, $\nu = \frac{k+1}{2}$ dans le théorème 4.4.2, on retrouve la solution exacte de l'équation homogène d'Euler-Poison-Darboux

$$U(t,x) = \sum_{l=0}^{\infty} a_l U_l + \sum_{l=0}^{\infty} b_l V_l$$

où $U_l = x^l F(\frac{-l}{2}, \frac{k+1-l}{2}, \frac{1}{2}, \frac{t^2}{x^2})$ et $V_l = tx^l F(\frac{-l}{2}, \frac{k+1-l}{2}, \frac{3}{2}, \frac{t^2}{x^2})$.

Exemples.
1. Le problème $\begin{cases} (\frac{\partial^2}{\partial x^2} - \frac{3}{x}\frac{\partial}{\partial x})U(t,x) = \frac{\partial^2}{\partial t^2}U(t,x), \ t < x \\ U(0,x) = 0, \ U_t(0,x) = x \end{cases}$
admet la solution unique $U(t,x) = t\sqrt{x^2 - t^2}$.

2. Le problème $\begin{cases} (\frac{\partial^2}{\partial x^2} + \frac{1}{x}\frac{\partial}{\partial x})U(t,x) = \frac{\partial^2}{\partial t^2}U(t,x), \ t < x \\ U(0,x) = x, \ U_t(0,x) = 0 \end{cases}$
admet la solution unique $U(t,x) = \sqrt{x^2 - t^2} + t\arcsin\frac{t}{x}$.

CONCLUSION

1- Reconsidérer le problème de Cauchy pour l'équation
d'Euler-Poisson-Darboux dans $\mathbb{R}^n$ de telle sorte qu'il admette une solution
régulière en zéro pour une deuxième donnée initiale non nulle tout en recouvrant
les cas des équations classiques et radiales des ondes.

2- Donner les solutions explicites en termes des fonctions spéciales de la physique
mathématiques
(l'hypergéométrique de Gauss, celle d'Appell).

RÉFÉRENCES

[1]- J. Barros-Neto : Hypergeometric functions and the Tricomi operator, arXiv :math/0310480v1 [math.AP] 30 Oct 2003.

[2]- A. Bentrad : Exact solutions for a different version of the monhomogeneouse E-P-D equation.Complex variables and elliptic equations,vol.51.No.3 March 2006,243-253.

[3]- E. K. Blum, The Euler-Poisson-Darboux equation in the excptional cases, Proc. Amer. Math. Soc., 5(1954), pp. 511-520.

[4]- E. K. Blum, The solution of the EPD equation for negative values of the parameter, Duke Math. J., 21(1954), pp. 257-269.

[5]- M. Boucetta : Introduction à la géométrie Riemannienne, Cours Master 2010.

[6]- D. W. Bresters : On the equation of Euler-Poisson-Darboux.Siam J.Math.Anal.1973 no.1, 31-41.

[7]- R. W. Carroll, Some singular Cauchy problems, Ann. Mat. Pura Appl., Ser IV, 56 (1961), pp. 1-31.

[8]- L. Colzani : Radial solutions to the wave equation. Annali di matematica 181, 25-54 (2002).

[9]- G. Darboux, Lecons sur la théorie générale des surfaces, vol. II, Gauthier-Villars, Paris, 1915.

[10]- J. B. Diaz and H. F. Weinberger, A solution of the singular initial value problem for Euler-Poisson-Darboux equation, Proc. Amer.Math. Soc.,4(1953),pp. 703-715.

[11]- V. Ditkine et A. Proudnikov : Transformations intégrales et calcul opérationnel. Traduction française, edition Mir. Mosco 1978.

[12]- L. Euler, Institutiones calculi Integralls, vol. III, Petropoli, 1770.

[13]- I.S. Gradshteyn and I.M. Ryzhik : Table of Integrals, Series, and Products ; sixth edition. Academic press 2000.

[14]- N. N. Lebedev : Special functions And their applications. Dover Publications,Inc New york 1972.

[15]- J. L. Lions, Opérateurs de transmutation singuliers et équations d'Euler-Poisson-Darboux généralisées, Rend. Sem. Mat. Fis. Milano, 28 (1959), pp. 124-137.

[16]- W. Magnus, F. Oberhettinger, and R. P. Soni : Formulas and Theorems for the spe-

cial Functions of Mathematical Physics, Springer-Verlag, New York, 1966.

[17]- M. H. Martin, Riemann's method and the problem of Cauchy, Bull. Amer. Math. Soc., 57(1951), pp. 238-249.

[18]- S. D. Poisson, Mémoire sur l'intégration des équations linéaires aux dérivées partielles, J. de l'école polytechnique, 12 (1823), no. 19.

[19]- Raimundas Vidunas : Specialization of Appell's functions to univariate hypergeometric functions. J. Math. Anal. Appl. 355 (2009) 145-163.

[20]- Valery V. Volchkov et Vitaly V. Volchkov : Harmonic Analysis of mean periodic functions on symmetric spaces and the Heisenberg group. Springer-Verlag London. Limited 2009.

[21]- A. Weinstein, On the wave equation and the equation of Euler-Poisson, Proc. Symposia Appl. Math., vol. 5, McGraw-Hill, New York, 1954, pp. 137-147.

[22]- A. Weinstein, sur le problème de Cauchy pour l'équation de Poisson et l'équation des ondes, C.R. Acad. Sci. Paris, 234(1952), pp. 2584-2585.

[23]- F. C. Young, On a generalized EPD equation, J. Math. Mech., 18 (1969), pp. 1167-1175.

www.ingramcontent.com/pod-product-compliance
Lightning Source LLC
Chambersburg PA
CBHW070340190526
45169CB00005B/1978